Ur

Barcelona

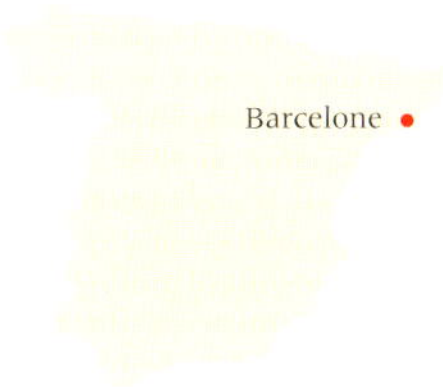

Aldeasa

Dans l'antre du dragon

Pour paraphraser un slogan de son plus célèbre club de football, on peut dire de Barcelone que c'est "plus qu'une ville". Avant elle avaient existé *Barkeno*, ou *Laye*, ancien village des layétiens (ibères de la région de Tarragone) sur la colline de Montjuic, et la *Barcino* romaine, une ville très modeste comparée à d'autres de l'empire, comme le montre l'exigu périmètre de ses remparts, que l'on peut observer à plusieurs endroits du quartier gothique. Tout changea en 801, quand Louis le Pieux, fils de Charlemagne, reprit la ville aux arabes et la convertit en capitale du plus grand des comtés qui formaient la Marche d'Espagne, frontière méridionale de l'empire carolingien. Au cours du IXe siècle, la décadence carolingienne permit le détachement progressif des comtés de la Marche de l'empire, dans un processus mené par les comtes de Barcelone qui culmina en 985, lorsqu'Almanzor détruisit la ville. Cette date marque la naissance de l'identité catalane, basée sur la certitude des comtés d'avoir été abandonnés à eux-mêmes. Il leur valait donc mieux oublier leurs différends et s'unir face à l'ennemi commun. L'idée fut si rapidement acceptée qu'en 1010, tous les comtes s'allièrent pour diriger une expédition contre Cordoue, sous l'égide de Ramón Borrell. La suprématie du comté de Barcelone, déjà indiscutable, devint effective entre 1059 et 1076, lorsque Raimond Bérenger Ier obtient des autres comtes qu'ils lui jurent fidélité, créant ainsi un état qui ne cesserait de croître au cours des siècles suivants vers le sud, aux dépens du pouvoir musulman, déjà affaibli.

En 1137, les fiançailles de Raimond Bérenger IV avec la princesse Pétronille, héritière de la Couronne d'Aragon, unit définitivement la Catalogne et l'Aragon. Les conquêtes de Valence et des Baléares par Jacques Ier (1213-1273) furent le début de l'expansion par la Méditerranée, qui arriva à des endroits aussi reculés que l'Albanie ou Grèce. Les murailles romaines durent être agrandies au XIIIe , puis au XIVe siècle. La perte d'une grande partie de l'empire, dont le maintien s'avéra trop coûteux, la peste de 1374 et la guerre civile du milieu du XVe siècle freinèrent cette euphorie. Le mariage des rois catholiques parut la reléguer de nouveau à un rôle secondaire.

Au cours des siècles suivants, Barcelone conserva une certaine prépondérance y compris dans les conflits dérivés de la fusion. En 1640, la révolte des *segadors* (moissonneurs) éclata dans les rues. Les meneurs de cette révolte décidèrent de rompre avec la couronne espagnole pour se soumettre à la française.

Mais Louis XIII se montrerait finalement un monarque plus autoritaire que Philippe IV et l'expérience fut si frustrante que soixante ans après, pendant la guerre de Succession, la Catalogne décida d'appuyer l'archiduc Charles d'Autriche face au français Philippe d'Anjou. Cette défaite valut à la principauté la perte de tous ses privilèges, et à Barcelone celle de tout un quartier, démoli pour y construire la Citadelle d'où la garnison surveillerait la ville rebelle. Ce ne fut pas pour autant le début de sa décadence. Barcelone reprit

Moll de la Fusta.

rapidement des forces et faute de protagonisme politique, elle reprit son économie en main. Son ancienne vocation marchande refit surface, renforcée par un processus précoce d'industrialisation, centré sur le secteur textile. Sur ces solides bases, la ville connut une croissance spectaculaire au cours des XVIIIe et XIXe siècles, constamment à l'avant-garde du progrès industriel et technique. En 1848, le premier train espagnol reliait Barcelone à Mataró. En 1860, *l'Eixample* ("l'expansion", quartier de Barcelone) fut inauguré, vitrine d'une bourgeoisie aussi opulente que raffinée. Parallèlement, Barcelone était aussi un centre culturel très actif : la *Renaixença,* mouvement de renouveau qui récupéra le catalan comme langue littéraire, fut suivie du modernisme, une brillante version locale de l'*art nouveau* européen. La face cachée de tant de splendeur était une classe ouvrière submergée dans la misère, s'insurgeant régulièrement et protagoniste de violents épisodes, certains très graves, comme la Semaine Tragique de 1909. Toutes les classes sociales saluèrent cependant avec égal enthousiasme la proclamation de la République en 1931, bien que pour des motifs très différents. La bourgeoise catalane était anxieuse de retrouver ses anciennes institutions d'auto-gouvernement, le prolétariat espérait voir s'améliorer ses conditions de vie. La guerre civile vint bouleverser les espérances des uns et des autres, et Barcelone, de nouveau, se trouva du côté des perdants. Ceci ne l'empêcha toutefois pas de continuer à être, sous le régime franquiste, une puissante force économique et industrielle qui attirait d'énormes vagues d'immigrants venus des régions appauvries du sud de l'Espagne. Le ville souffrit assez peu de cette brusque croissance de la population grâce à une géographie l'empêchant de s'agrandir à l'excès. Encaissée entre la mer et la longue saillie verte de la sierra de Collserola, qui s'étend derrière elle comme le dragon de la légende de Saint Jordi, patron de la Catalogne, sa croissance démographique fut absorbée par les villages satellites situés le long de la côte, au-delà des rivières Besós et Llobregat.

Dans l'histoire récente de Barcelone, il existe très clairement un avant et un après, non pas de la démocratie, en dépit de l'indéniable importance du Statut d'autonomie et de la restauration de la Generalitat (institution d'auto-gouvernement), mais des Jeux Olympiques de 1992. La ville profita de l'événement non seulement pour réaliser une indispensable rénovation urbanistique, ce qui la plaça de nouveau à l'avant-garde architecturale, mais elle retrouva aussi sa confiance en elle-même, se trouvant une vocation touristique inattendue. Le temps où les hôtels barcelonais se vidaient pendant le week-end était révolu. Sans cesser d'être un centre économique actif, c'est aussi un lieu enchanteur où il fait bon vivre en se laissant envoûter par un tissu urbain plein de contrastes, d'imagination et de dynamisme. C'est aussi un endroit où toute la toponymie apparaît en catalan, le voyageur fera donc bien de s'habituer aux *carrer* (rue), *avinguda (*avenue), *passeig (*promenade), *plaça* (place), etc. qu'il trouvera sur son chemin, une marque d'identité de plus de la ville que nous l'encourageons à découvrir.

Parc de La Citadelle.

LES RAMBLAS

Leur nom vient de l'arabe – *ramla*, banc de sable–, car c'était à l'origine un torrent qui emmenait les eaux de la sierra de Collserola jusqu'à la mer. Au XIIIe siècle, Jacques 1er l'utilisa comme fosse naturelle pour ses nouveaux remparts, et au XIXe siècle elles se convertirent en le boulevard que nous connaissons aujourd'hui et qui relie la place de Catalunya avec le port. En commençant le parcours par le côté maritime, la première chose que nous voyons est l'un des emblèmes de la ville, le **Monument à Colomb** (1), qui depuis 1886 s'érige au centre de la place du Portal de la Pau. Sous la gigantesque statue, un mirador offre des vues extraordinaires de la ville. Sur la même place, sur la gauche du début des Ramblas, se dresse le môle des ***Reials Drassanes*** (Arsenaux royaux) (2), anciens chantiers navals médiévaux qui restèrent en activité jusqu'au XVIIIe siècle. Ils abritent aujourd'hui un intéressant Musée maritime, mais le principal attrait de la visite réside dans l'édifice lui-même, qui date pour la plupart du XIVe siècle et constitue un étrange spécimen de l'architecture industrielle gothique. Il est formé d'une succession de corps de bâtiments délimités par des piliers et des arcs dont l'amplitude et la nudité lui confèrent une singulière élégance.

Du Portal de la Pau part la Rambla de Santa Mónica, la plus populaire et la plus vivante en raison de sa proximité du Barri Chino (quartier du port). Elle est suivie de la Rambla de los Capuchinos, animée par des terrasses. De là, un petit détour par la rue Nou de la Rambla nous entraîne face à l'une des premières oeuvres de Gaudí, le **Palau Güell** (3), résidence du principal mécène de l'architecte, l'industriel Eusebi Güell. De l'autre côté de la Rambla, un peu à l'écart, s'ouvre la **Plaza Reial** (Place Royale) (4), un large espace orné de portiques construit au siècle dernier sur le terrain d'un ancien couvent de capucins. Les deux lampadaires qui flanquent la fontaine des Trois Grâces, au centre de la place, furent dessinées par Gaudí à ses débuts. En reprenant la Rambla, on trouve bientôt sur la gauche la façade du **Gran teatro del Liceo** (Grand théâtre du Lycée) (5), récemment reconstruit. Il s'agit là de l'une des plus prestigieuses scènes mondiales d'opéra, mais aussi du symbole par excellence de la bourgeoisie éclairée de Barcelone, dont l'orgueilleux entêtement en permit l'inauguration en 1847 et lui valut le douteux privilège d'être victime d'un attentat anarchiste en 1893, qui causa vingt morts. La puissante influence du Liceo imprègne cette partie de la Rambla, qui se met au diapason en exhibant des atours quelque peu défraîchis mais encore pleins de charme, comme les hôtels España et Oriente ou le Café de l'Opéra. Tout reprend ensuite sa place, et l'imparable vitalité de la Rambla resurgit sur la Pla de la Boqueria, croisement de rues où l'on peut observer une mosaïque de Miró sur le pavement et la singulière réclame d'un ancien magasin de parapluies sous forme de dragon chinois sur un parapluie.

Ici commence la Rambla de San José, aussi appelée Rambla des Fleurs, flanquée d'étalages de plantes et de fleurs dont l'explosion de couleurs est l'image la plus célèbre des Ramblas. A gauche, légèrement

Plaza Reial.

en retrait au fond d'une impasse, le **Marché de la Boqueria** (6) déploie toute sa variété d'odeurs, de couleurs et de sonorités sous une spectaculaire structure de fer forgé du début du siècle. Un peu plus loin, le **Palau de la Virreina** (Palais de la Vice-reine) (7), un somptueux édifice construit entre 1771 et 1778 par le vice-roi du Pérou Manuel Amat, et qui doit son nom à sa veuve, a été converti en salle d'expositions municipale.

Dans la rue du Carme commence la Rambla de los Estudios, où les étals de fleurs laissent la place aux étals d'oiseaux, qui égayent cette avant-dernière partie du boulevard. Le dernier tronçon porte le nom de Rambla de Canaletas; les étals y sont remplacés par des rangées de chaises disposées de chaque côté et louées pour un prix modique aux passants qui veulent s'adonner en toute commodité et sans complexes au *voyeurisme*, le sport le plus pratiqué sur les Ramblas conjointement avec la *tertulia* (discussions sur les thèmes les plus divers), aujourd'hui un peu en désuétude, qui était pratiquée autour de la **Fontaine de Canaletas** (8), discrète structure de fer du XIXe siècle dont on dit des eaux qu'elles incitent à revenir à Barcelone. De là on aperçoit déjà la place Catalunya, cœur palpitant de la ville. Au siècle dernier, alors que ce n'était qu'un terrain vague au pied de la muraille, les barcelonais prirent tellement goût à cet endroit que la municipalité se vit contrainte de l'urbaniser. Sur cette superficie démesurée ont trouvé place des fontaines, des statues des meilleurs artistes catalans, comme Clarà ou Gargallo, des jardins et une large esplanade centrale pleine de pigeons. Des immeubles imposants mais pas très réussis, s'érigent sur son contour. La plupart d'entre eux abritent aujourd'hui des banques ou des centres commerciaux.

LE QUARTIER GOTHIQUE

L'apogée de style gothique (XIIIe-XVe siècles) coïncida avec l'époque à laquelle Barcelone fut la grande métropole commerciale et artisanale de l'empire méditerranéen de la Couronne d'Aragon. Il n'est donc pas étonnant que sa vieille ville, bourrée de splendides spécimens de l'architecture gothique, surtout civile, ait pris le nom de Quartier gothique. Nous commencerons notre parcours par l'**église de Santa Anna** (9), une église romane peu connue du XIIe siècle, bien que son portail et le cloître annexe soient d'un style gothique datant du XIVe siècle. Elle se trouve à deux pas de la place Catalogne, sur une minuscule petite place à laquelle on accède par la rue de Santa Anna, située entre les Ramblas et le Portal del Angel, une grande artère commerciale qui mène à la place Nova. Sur cette place, le **Collège des architectes** (10), datant de 1962 et décoré d'une peinture de Picasso, fait face à un vestige de **Muraille romaine** (11) du IIIe siècle, qui comprend deux tours circulaires et un pan de mur, et d'où part l'aqueduc qui ravitaillait Barcino en eau. La plupart de ces murs qui pendant mille ans avaient défendu la ville disparut lors de la construction de la nouvelle enceinte au XIIIe siècle.

Certaines parties furent toutefois incorporées à d'autres édifications, ou se

Entrée du Marché de La Boqueria.
Sur la double page précédente, La Casa Milá (La Pedrera), *de Gaudí.*

MERCAT
St JOSEP
LA BOQUERIA

virent attribuer un nouvel usage, comme ces deux tours, aménagées en résidence pour les chanoines de la cathédrale.

À côté de la place Nova s'ouvre la Pla de la Seu, une place en escalier sur le haut de laquelle se dresse la **Cathédrale** (12), centre religieux de la ville depuis la première basilique paléochrétienne détruite par Almanzor. Une cathédrale romane fut ensuite construite au XIe siècle, et finalement, en 1298, les travaux de l'actuel bâtiment gothique commencèrent. Ils se poursuivirent principalement au XIVe siècle et dans la première moitié du XVe siècle, mais la façade principale ne fut ajoutée qu'à la fin du XIXe en prenant comme modèle une esquisse de 1408 qui avait été conservée dans les archives de la cathédrale. La rue Comtes, située sur la gauche de cette façade, nous mène à la porte de Sant Iu (XIVe siècle), d'un sobre style ogival orné d'éléments romans qui proviennent de la construction antérieure. En longeant le périmètre la cathédrale, on trouve successivement deux portes du XVe siècle donnant accès au cloître, et finalement, dans la rue de Santa Llúcia qui débouche de nouveau sur la Pla de la Seu, une surprenante porte romane en plein cintre appartenant à la petite église de Santa Llùcia. Cette dernière existait avant la cathédrale et fut absorbée par elle comme chapelle du cloître; sa structure originale de nef est toutefois intacte.

L'intérieur de la Cathédrale est en forme de croix latine avec trois nefs, un déambulatoire et des chapelles sur les bas-côtés. En entrant par la façade principale, le regard est attiré par les dimensions de la première chapelle se trouvant sur la droite. Cette ancienne salle capitulaire fut aménagée pour recevoir le Christ de Lépante qui avait accompagné Jean d'Autriche au moment de la célèbre bataille. La légende raconte que c'est là qu'il acquit son étrange posture, en se tournant pour esquiver une balle. Le chœur, taillé par les meilleurs sculpteurs du gothique catalan aux XIVe et XVe siècles, se détache de la nef centrale. Sous le maître-autel, la crypte de Santa Eulàlia (sainte Eulalie) renferme les restes de la patronne de la ville dans un spectaculaire tombeau gothique datant de 1327. Le cloître possède un charme particulier, avec en son centre un jardin luxuriant dans lequel se promènent treize oies blanches – l'âge de sainte Eulalie au moment de son martyre– et la fontaine où est célébré, le jour de la Fête-Dieu, le curieux rite de *l'ou com balla*, "l'œuf qui danse" sur le jet d'eau. Du cloître, on pénètre dans le musée de la Cathédrale, où est conservé le superbe Retable de la Pietà de Bartolomé Bermejo (1490).

On trouve autour de la cathédrale plusieurs édifices qui lui sont liés. La **Casa de l'Ardiaca** (maison de l'archidiacre) (13) au coin des rues Santa Llúcia et Bisbe, abrite les Archive historiques de la ville ; construit au XVe siècle et agrandi au XVIe, le bâtiment mêle des éléments gothiques et de la Renaissance. De l'autre côté de la rue Bisbe, le **Palau Episcopal** (Palais épiscopal) (14) projette sa façade néoclassique datant de 1784 sur la place Nova. La **Casa de la Canonja i Pia Almoina** (15) est une construction des XVe-XVIe siècles qui abrite actuellement le Musée diocésain et ferme la Pla de la Seu sur la gauche. Derrière elle s'étend la rue

Vue de nuit de la façade principale de la cathédrale.

Tapineria, que longent des restes de muraille romaine, et qui débouche sur la place de Ramón Berenguer el Gran (Raimond Bérenger le Grand).

De petits jardins dominés par la statue du comte en titre permettent d'admirer le superbe métissage entre les énormes murs romains et la légèreté des fenêtres ogivales de la chapelle de Santa Àgata (sainte Agathe), qui fait partie de l'ancien palais des comtes de Barcelone. Pour arriver à cet intéressant ensemble architectural, il faut traverser les jardins et tourner à droite, en prenant d'abord la rue Llibreteria et ensuite la rue de Veguer, jusqu'à la paisible place del Rei (du Roi). Ce court trajet nous permet de longer le petit palais gothique qui abrite le **Musée d'histoire de la ville** (16), dont le principal attrait est l'incroyable voyage par le sous-sol de la place, où des vestiges de la Barcino des IIIe et VIIIe siècles ont été soigneusement mis à jour. Face au Musée, la façade monumentale du **Palau Reial Major** (Grand Palais Royal) (17), résidence des comtes de Barcelone depuis le IXe siècle, ferme la place. La construction de l'édifice fut commencée par Raimond Bérenger IV en 1162 dans un style roman que l'on peut encore admirer sur la porte et sur les trois fenêtres à triplets du rez-de-chaussée. Des éléments gothiques lui furent ensuite ajoutés, comme les arcs qui unissent les contreforts d'origine, sur lesquels s'étend une galerie haute avec des rosaces. A l'intérieur, une splendide salle de réceptions, le Salon del Tinell, construite en 1359, a été conservée. La tour rectangulaire qui couronne le palais est une oeuvre de la Renaissance, du XVIe siècle. La chapelle de Santa Àgata, ajoutée au palais en 1302, ferme le côté droit de la place. Son intérieur spacieux, à une seule nef couverte par des arcs ogivaux et un plafond en bois polychrome, renferme le *Retablo del Condestable* (retable du Connétable), pièce de grande valeur du XVe siècle, oeuvre de Jaume Huguet. Le dernier côté de la place est occupé par le **Palau del Lloctinent** (palais du "Lieutenant") (18), construit au XVIe siècle pour servir de résidence aux vice-rois et aujourd'hui siège des Archives de la Couronne d'Aragon.

Revenons à la rue Llibreteria, que nous suivrons en direction de la place Sant Jaume, cœur politique de la ville sans doute depuis toujours, car l'agora romaine devait se trouver à cet endroit.
Aujourd'hui, la façade de l'**Ayuntamiento** (Hôtel de ville) (19) y fait face à celle du **Palau de la Generalitat** (20), le pouvoir municipal face au pouvoir autonome, et entre elles s'étend un dallage qui convient tout à fait aux rassemblements des foules ; ce n'est pas en vain que le balcon de la Generalitat a traditionnellement été utilisé pour annoncer aux barcelonais les nouvelles importantes, de la proclamation de la République aux triomphes de l'équipe de football, le Barça. Peu d'édifices dans la ville ont été témoin de tant d'événements historiques que cette énorme bâtisse, construite au XVe siècle pour agrandir le siège de la Generalitat, institution créée au XIIIe siècle comme commission permanente du Parlement catalan. Bien que la façade qui donne sur la place Sant Jaume date de la Renaissance, de 1602, l'intérieur, que l'on peut visiter les fins de semaines paires, est principalement de style

Patio de La Casa de l'Ardiaca *(en haut) et statue de Raimond Bérenger le Grand (en bas).*

gothique. L'hôtel de ville, dont la visite est également autorisée les fins de semaine, présente une façade principale néoclassique datant de 1823 et conserve lui aussi une façade latérale gothique du XVe siècle. Certaines parties de l'intérieur sont encore plus anciennes, comme le Salon de Cent (1373), qui évoque ses origines comme siège du Consell de Cent (Conseil des Cent), organe de gouvernement de la municipalité médiévale.

Derrière le Palau de la Generalitat s'étend le *call* ou quartier juif médiéval, lieu magique avec ses petites rues très étroites et ses maisons délabrées qui datent dans certains cas du XIIe siècle. En traversant ce quartier, nous arrivons à la rue de los Banys Nous, dont le tracé en courbe montre qu'elle suit celui de la muraille primitive. De là, la petite rue del Ave María mène aux places contiguës de Sant Josep Orial et del Pi. Sur cette dernière, on peut admirer la façade gothique de l'**église de Nuestra Señora del Pi** (21), ornée d'une gigantesque rosace de 10 mètres de diamètre. Elle date du XIVe siècle et a remplacé un temple roman dont quelques éléments subsistent sur la porte latérale.

En revenant à la place Sant Jaume, les rues de Jaume I et de la Princesa, séparées par la Via Laietana, nous mènent à l'ancien quartier de Vilanova del Mar, né au moyen âge pour y loger la nouvelle bourgeoisie marchande. Ses palais gothiques s'alignent encore au long de la rue Montcada, où trois d'entre eux ont été réunis pour y installer le **Musée Picasso** (22). Ce musée abrite une excellente collection d'œuvres réalisées par le peintre dans sa jeunesse. La puissance économique atteinte par ce quartier se voit reflétée dans l'**église de Santa María del Mar** (23), dont on voit l'abside au bout de la rue. Commencée en 1329, elle fut terminée cinquante ans plus tard, chose insolite à cette époque. C'est grâce à cette inusuelle rapidité qu'elle présente cette cohérence absolue ; c'est la seule église de Barcelone ayant été commencée et achevée en style gothique, que l'on remarque par ailleurs pour sa pureté. L'intérieur de l'église est divisé en trois nefs d'une hauteur quasi identique, couvertes par des voûtes en croisée d'ogive et soutenues par des colonnes élancées. L'absence presque absolue d'ornements lui confère cet aspect élégant et éthéré qui la caractérise.

L'*Eixample* moderniste

En 1859, la municipalité lança un concours pour urbaniser la zone située au nord de la muraille médiévale, démolie peu avant. Ildefons Cerdà gagna ce concours, mais son projet, qui comprenait des espaces verts, des équipements et des immeubles bas, fut dénaturé par la spéculation. Seul le tracé orthogonal des rues, avec des pâtés de maisons identiques et des coins en chanfrein pour permettre une meilleure visibilité, fut conservé. Immédiatement les classes riches vinrent s'installer dans cette zone d'expansion ("eixample" en catalan), la convertissant dès son origine en un élégant quartier. La bourgeoisie cultivée qui y vivait accueillit le modernisme avec enthousiasme ; il n'est donc pas étonnant que quatre des plus beau édifices bordant le Paseo de Gracia, l'artère principale, soient de ce style. Trois d'entre eux, fruits de la réhabilitation

Temple de La Sagrada Familia, *de Gaudí.*
Sur la double page précédente, façade du Palau de la Generalitat.

de constructions antérieures, sont regroupés sur le même pâté de maison. En montant de la place Catalunya, on trouve sur la gauche, au numéro 35, au coin de la rue du Consell de Cent, la **Casa Lleó Morera** (24), bâtie par Lluís Domènech i Montaner en 1906. Il introduisit là sa vision d'un modernisme sobre, non exempt toutefois d'une exubérante décoration que l'on peut admirer dans le vestibule et l'escalier.

Au numéro 41, c'est la version néogothique de ce style qui triomphe sans ambages, dont Josep Puig i Cadafach s'est servi pour recouvrir en 1900 la **Casa Amatller** (25) en s'inspirant de modèles flamands. Juste à côté d'elle, au numéro 43, s'érige la **Casa Batlló** (26), d'Antoni Gaudí, aussi différente de toutes les autres que l'a permis la débordante imagination d'un artiste qui se résiste à toute classification. Il fit preuve de toute son originalité dans cet édifice (1906), dont il transforma la façade en une allégorie de la légende de Sant Jordi: l'épée serait représentée par la cheminée en forme de croix plantée sur une toiture ondulée et écailleuse comme le flanc d'un dragon abritant les os de ses victimes converties en balcons. Avant de continuer la promenade dans le Paseo de Gràcia, il convient de faire un petit détour par la rue Aragó, où se trouve l'ancienne maison d'édition Montaner i Simon, construite par Domènech i Montaner en 1881, aujourd'hui la **Fundación Tàpies** (27). Cette fondation renferme un important fonds d'oeuvres de cet artiste catalan, auteur de la spectaculaire *Nube y silla* (Nuage et chaise) qui orne la façade, créant un attrayant contraste avec la construction en briques. De nouveau dans le Paseo de Gràcia, au numéro 92, nous pouvons admirer l'un des chefs d'oeuvres de Gaudí: la Casa Milá, plus connue sous le nom de **La Pedrera** (28). Elle fut construite entre 1905 et 1910 sur un grand terrain placé au coin de la rue Provença, ce qui permit à Gaudí de laisser libre cours à sa liberté créatrice. Il y façonna des formes inspirées par la mer, où la pierre semble polie par le va-et-vient des vagues et où le fer fige des bouquets d'algues sur les balcons. L'édifice peut être entièrement visité ; ses toits, peuplés de cheminées aux formes étranges, sont particulièrement admirables.

Il existe, en dehors du quartier de l'Eixample, trois autres monuments sans lesquels l'approche du modernisme barcelonais serait incomplète. Dans la vieille ville, rue Sant Pere més Alt, le **Palau de la Música Catalana** (Le palais de la musique catalane) (29) fut construit en 1908 par Domènech i Montaner pour l'Orfeó Català. Le pragmatisme qui caractérise son auteur fit du Palau, avant tout, une salle de concerts confortable et d'excellente acoustique, en même temps qu'un espace magique où la pierre, la céramique et le verre se fondent en une complicité imaginative et suggestive chargée de symboles.

Les deux autres chefs d'œuvre de Gaudí se trouvent plus à l'écart, il conviendra donc de prendre les transports en commun. Le projet de temple de la **Sagrada Familia** (Sainte famille) (30) – lignes 2 et 5 du métro, ou ligne 19 d'autobus à partir de la place Catalunya–, commencé en 1882, passa neuf ans après aux mains de Gaudí, qui non seulement le transforma entièrement, mais s'y dédia avec une

Orchestre du Palau de la Música catalana.

passion obsessionnelle. Pendant les dernières années de sa vie, il vécut dans une petite pièce aménagée dans cet ensemble. Il mourut en 1925, renversé par un tramway, et fut enterré dans la crypte, l'une des quelques rares parties – avec l'abside, la façade de la Nativité et l'une des quatre aiguilles– qu'il termina.

Les travaux ont continué depuis, avec autant de hauts et de bas que de polémiques. Les façades de la Nativité et de la Passion, à laquelle ont récemment été ajoutées des sculptures très controversées de Josep María Subirachs, sont maintenant achevées. Avant de se cloîtrer dans la Sagrada Familia, Gaudí eut le temps de suivre son mécène Eusebi Güell dans un projet de cité-jardin sur un emplacement se trouvant alors (1900-1914) à l'extérieur de Barcelone, projet qui n'aboutit pas. Seuls furent bâtis l'entrée, avec une grille en fer forgé et deux pavillons, deux maisons et la grande place centrale à deux étages. Celui du bas est en forme de salle hypostyle pensée pour servir de marché, celui du haut est entouré d'un banc ondulant orné de céramiques dont la conception est en grande partie due à Josep Maria Jujol, disciple et collaborateur de Gaudí. L'ensemble forme aujourd'hui le **Parc Güell** (31), où l'on peut aller en métro – ligne 3, station Vallcarca ou Lesseps–, ou en prenant le bus nº 24 depuis la place Catalunya.

La façade maritime

Aucun autre quartier de Barcelone n'a subi de changements aussi radicaux depuis 1992 que sa ligne côtière, défigurée auparavant par des installations industrielles et portuaires obsolètes qui furent démolies sans aucun regret. A côté du Portal de la Pau, le môle de la Fusta, ancien quai servant au déchargement du bois, a été converti en promenade maritime à deux niveaux. Au niveau supérieur, on trouve des bars et des restaurants parmi lesquels on remarque, grâce à son originale conception, le Gambrinus, qui exhibe un énorme homard souriant portant le sceau caractéristique de Javier Mariscal. Du Portal de la Pau, on passe, par une passerelle ondulante en bois, à l'autre ancien môle, le Moll de Espanya, devenu un secteur de loisirs qui offre, entre autres attractions, un grand aquarium et le centre commercial Maremágnum.

Le Moll de la Fusta et le Moll de Espanya confluent sur la place d'Antoni Lopez, d'où l'on peut prendre, en ligne droite, le Paseo de Isabel II puis l'avenue du Marqués de la Argentera jusqu'au Parc de la Citadelle, dont le nom évoque la triste forteresse érigée par Philippe V après avoir soumis la ville en 1714. Certains vestiges des installations militaires perdurent, parmi lesquels on peut citer l'arsenal, où siège aujourd'hui le **Parlament de Catalunya** (Parlement de Catalogne) (32). On trouve également sur cet espace vert quelques installations ayant survécu à l'Exposition Universelle de 1888, qui eut lieu à la Citadelle, et parmi lesquelles on remarque l'une des premières oeuvres du modernisme, le *Castell dels tres dragons,* dessiné par Domènech i Montaner pour servir de café-restaurant et aujourd'hui transformé en **Musée de zoologie** (33).

L'autre côté du parc délimite les autres grands travaux d'urbanisme dus aux J.O.

Parc Güell : *escalier d'accès (en haut) et espace sous la place centrale (en bas).*

de 1992 : la ville et le port olympiques, qui remplacèrent un quartier industriel sans aucun charme et une côte couverte de décombres. Le plan général d'aménagement de cette zone est l'œuvre de l'architecte et ancien conseiller municipal socialiste Oriol Bohigas.

La Ronda Litoral la sépare en deux secteurs. Le Port olympique, aujourd'hui port de plaisance, s'étend sur la frange côtière, entouré d'une zone commerciale et de loisirs très animée; vers l'intérieur, la Villa Olímpica (Ville olympique), où les sportifs furent logés pendant les J.O., est actuellement une zone résidentielle conçue selon les concepts urbanistiques les plus modernes. Comme une charnière entre les deux zones, s'élèvent deux sveltes tours qui sont devenues les édifices les plus hauts de la ville : la **Tour Mapfre** (34) et l'**Hôtel Arts** (35) derrière lequel la grande baleine dorée qui couronne le Casino attire immanquablement l'attention.

MONTJUÏC

On suppose que cette colline, qui domine le port de Barcelone, fut l'emplacement primitif de la ville ; il n'en existe toutefois aucun vestige. Montjuïc ne s'est réellement intégré dans le tissu urbain que lorsqu'on y logea l'Exposition Universelle de 1929. A cette occasion, le flanc nord de la montagne fut aménagé, avec la création d'un accès monumental qui part de la place d'Espanya, au centre de laquelle une fontaine, oeuvre de Josep Maria Jujol, représente les rivières espagnoles. Deux tours d'inspiration vénitienne flanquent l'entrée de l'avenue de la Reina María Cristina, que longent les anciens pavillons encore utilisés pour les foires et les conventions et qui se termine sur la fontaine lumineuse conçue par Carles Buïgas, qui prend vie les samedis et dimanches soirs. Derrière elle, un monumental escalier mène au **Palau National** (36), qui renferme l'impressionnante collection d'art roman et gothique du Musée national d'art de Catalogne. En continuant sur la droite à partir de la fontaine lumineuse, par l'avenue du Marqués de Comillas, on arrive au **Poble Espanyol** (Peuple espagnol) (37), un curieux ensemble où fut recréée l'architecture des diverses régions d'Espagne et aujourd'hui reconverti en centre de loisirs et d'artisanat. Le grand stade sportif date de la même époque. Sa façade a été intégrée au stade olympique, créant un intéressant produit de synthèse dominé par les sculptures épiques de Pau Gargallo. Le stade est l'élément le plus remarquable de l'**Anneau olympique** (38), ensemble d'installations sportives créées pour les J.O. de 1992. Il ne faut pas pour autant en oublier le bel ensemble adjacent, constitué par le Palau Sant Jordi, audacieux projet de l'architecte japonais Arata Isozaki, les formes sculpturales dépurées inventées par son épouse, Aiko Mijawaki, et, un peu à part, l'insolente aiguille de la tour de communications conçue par Santiago Calatrava. Hormis l'accès piétonnier partant de la place d'Espanya et menant au Palau Nacional, un funiculaire relie la station de métro Parallel avec l'avenue de Miramar, tout près de l'Anneau Olympique.

Stade olympique de Montjuïc.

Guide pratique

Hôtels

Arts***GL**
Carrer de la Marina, 19-21. ☎ 93 221 10 00. Luxueux gratte-ciel à côté du Port olympique, avec le Casino à ses pieds.

Condes de Barcelona****
P. de Gràcia, 73-75. ☎ 93 488 22 00. Edifice néogothique datant de 1891, réformé à l'intérieur.

Oriente***
La Rambla, 45. ☎ 93 302 25 58. Fondé en 1842 sur un ancien couvent de franciscains du XVIIe siècle dont il conserve le cloître.

España**
Sant Pau, 9-11. ☎ 93 318 17 58. Derrière le Liceo, avec des salons modernistes de Domènech i Montaner décorés par Ramón Casas.

Jardí**
Pl. Sant Josep Oriol, 1. ☎ 93 301 59 00. En plein quartier gothique, avec vue sur Nuestra Señora del Pi.

Gastronomie

On trouve encore facilement la solide cuisine catalane traditionnelle – *escudella,* sorte de boudin catalan avec des haricots ou des viandes cuites à la braise avec de l'*all i oli-* dans de tout aussi solides locaux barcelonais qui ont toujours existé, comme:

Set Portes
Pje. Isabel II, 14. ☎ 93 319 30 33. Fundado en 1838 como café-concierto.

Els Quatre Gats
Montsió, 3 bis. ☎ 93 302 41 40.

Culleretes
Quintana, 5. ☎ 93 317 64 85. Depuis ses origines comme chocolaterie, en 1785, ses murs se sont couverts de photos des personnages qu'il a nourri.

Les amateurs d'endroits moins classiques trouveront des offres plus innovatrices chez :

Citrus
P° de Gràcia, 44. 1er piso. ☎ 93 487 23 45.

El Pintor
San Honorat, 7. ☎ 93 301 40 65.

Achats

On trouve de nombreuses suggestions de cadeaux à **Les muses del Palau** (place Lluis Millet), où sont également vendues les entrées pour la visite du Palau de la Música catalana, qui lui est contigu, ainsi que dans les boutiques de souvenirs des divers monuments, comme celles de La Pedrera, du Museo Nacional de Arte de Cataluña, ou chez **2 Bis** (rue Bisbe, 2 bis) à deux pas de la place Sant Jaume.
La mode des grands centres commerciaux prospère vigoureusement à Barcelone, où ces dernières années ont vu éclore le **Maremágnum**, très fréquenté, qui mêle l'offre commerciale à celle du loisir, et le resplendissant **Triangle** de la place Catalunya. La zone par excellence pour les achats de produits de luxe est le Paseo de Gràcia, où **el Bulevard Rosa** (n° 53) s'occupe de mode pendant qu'à côté, le **Bulevard des Antiquaris** offre ses antiquités. Plus haut, à côté de La Pedrera, **Vinçon** nous propose le dernier cri en décoration et nous offre en plus son local, monument en soi qui occupe un édifice moderniste où logeait auparavant le peintre Ramón Casas, dont l'appartement est conservé avec soin à l'entresol.

Prendre un verre

Le port olympique et le très exquis Moll de la Fusta ont été consacrés depuis 1992 comme quartiers où prendre un verre, mais il existe bien d'autres possibilités aussi variées que suggestives. On peut par exemple se plonger dans une ambiance fin de siècle au mythique **Els Quatre Gats** (rue Montsió), fréquenté par Picasso, Casas ou Rusiñol, ou dans la même ligne classique, au sombre et accueillant **Café de la Opera**, face au Liceo. Ou encore déguster un verre de vin choisi dans la carte offerte par la cave de **La Vinya del Senyor** pendant que le regard se régale de la façade de Santa María del Mar, située juste en face. Ou bien prendre un verre sur la scène délirante de la "maison de la terreur" du **Bosc des Fades**, derrière le Musée de Cire (rue Josep Anselm Clavé). Les assiettes de fromage, de pâtés ou de charcuterie catalanes – accompagnées bien entendu de pain à la tomate – sont des options qui conviennent mieux à une activité diurne et nous sont offertes par le **Quast Queviures** ou le **BabaReeba,** respectivement aux numéros 24 et 28 du Paseo de Gràcia.

Vue du port olympique, avec l'hôtel Arts et la tour Mapfre.

PLAN DE BARCELONE

LES RAMBLAS
1 Monument à Colomb
2 Reials Drassanes
3 Palau Güell
4 Plaza Reial
5 Gran Teatro del Liceo
6 Marché de la Boqueria
7 Palau de la Virreina
8 Fontaine de Canaletas

QUARTIER GOTHIQUE
9 Eglise de Santa Anna
10 Collège des architectes
11 Muraille romaine
12 Cathédrale
13 Casa de l'Ardiaca
14 Palau Episcopal
15 Casa de la Canonja
16 Musée d'histoire de la ville
17 Palau Reial Major et chapelle de Santa Àgata
18 Palau del Lloctinent
19 Hôtel de ville
20 Palau de la Generalitat
21 Nuestra Señora del Pi
22 Musée Picasso
23 Santa María del Mar

L'*EIXAMPLE* MODERNISTE
24 Casa Lleó Morera
25 Casa Amatller
26 Casa Batlló
27 Fondation Tàpies
28 La Pedrera
29 Palau de la Música Catalana
30 Sagrada Familia
31 Parc Güell

LA FAÇADE MARITIME
32 Parlament de Catalunya
33 Musée de zoologie
34 Tour Mapfre
35 Hôtel Arts

MONTJUÏC
36 Palau Nacional
37 Poble Espanyol
38 Anillo Olímpico

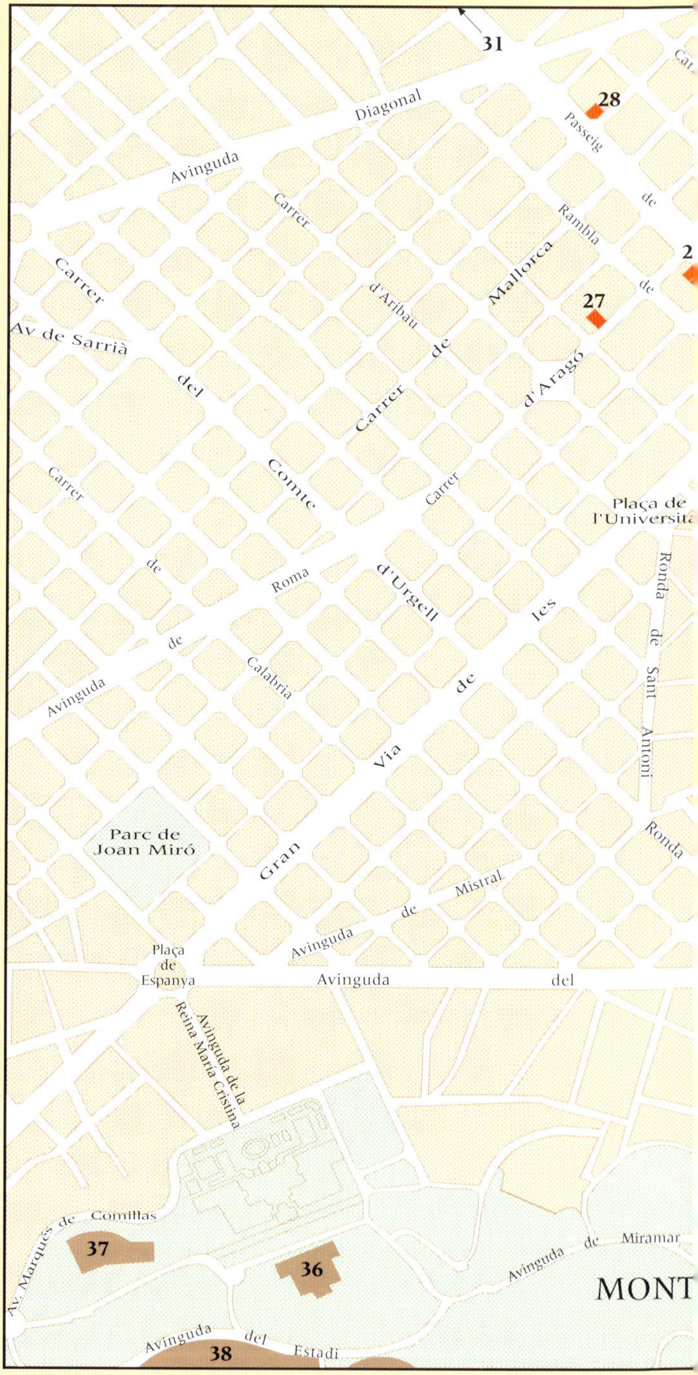